建筑与装饰工程
计量计价技术导则

王在生　吴春雷　主编

中国建筑工业出版社

图书在版编目(CIP)数据

建筑与装饰工程计量计价技术导则/王在生,吴春雷主编.
北京:中国建筑工业出版社,2014.9
ISBN 978-7-112-16927-6

Ⅰ.①建… Ⅱ.①王…②吴… Ⅲ.①建筑装饰-工程
造价 Ⅳ.①TU723.3

中国版本图书馆 CIP 数据核字(2014)第 111632 号

责任编辑:张 磊
责任设计:张 虹
责任校对:陈晶晶 赵 颖

建筑与装饰工程计量计价技术导则

王在生 吴春雷 主编

*

中国建筑工业出版社出版、发行(北京西郊百万庄)
各地新华书店、建筑书店经销
北京天成排版公司制版
北京同文印刷有限责任公司印刷

*

开本:850×1168毫米 1/32 印张:2¼ 字数:58千字
2014 年 8 月第一版 2014 年 8 月第一次印刷
定价:**9.00**元
ISBN 978-7-112-16927-6
(25678)

序

　　导则，顾名思义，有引导、规则之意。导则一般由国家行政管理职能部门、权威的行业组织发布，用于规范某一特定的行为，属于标准的管理范畴，一般具有一定的法律效力或权威的影响力。

　　王在生先生编制的《建筑与装饰工程计量计价技术导则》（以下称导则）虽然尚未成为国家或行业标准，但它仍是规范指导工程计量计价的重要参考文献，也可以说是我国 2013 工程量清单计价规范和工程量计算规范的补充，其以专著形式发布在我国尚属首例。该导则则偏重于用统筹法原理和电算方法来解决整体工程的计算流程和计算方法问题，并力求规范有序，很有意义。

　　万事开头难，导则要经国家行政管理职能部门批准并发布，是需要一定的时间和过程的，但提出一个范本作为宣讲、讨论和征求意见还是很有必要的。作者要求我来对这个范本作序，深感这是一个新事务，并为王在生先生孜孜不倦地进行统筹算量方法推广深受感动，所以我欣然命笔，答应了作者的要求。

　　2012 年在中国建设工程造价管理协会第六届理事会上我们提出了"推进法制建设，夯实技术基础，完善行业自律，引导可续发展"的工作思路。为了把工程造价管理的专业基础、标准体系尽快完善起来，编制各专业的工程计量计价技术导则很有必要，本书的出版起了一个带头和示范作用。

　　回顾我国工程计价体制改革已经走过了 11 个年头。目前存在的问题一是我们工程量清单计价模式的制度和规范建设还有待深入；二是工程量清单计价模式的推广还需加大力度；三是配套的大学教材和规范辅导材料还跟不上发展要求。相当一部分工程计价工作还停留在简单的计算机辅助计算或手工计算阶段，与社会上广泛应用的图算方法严重脱节，致使大学生出校门后不能立即上手工作。本导则提出了"统筹 e 算"为主、图算为辅、两算结合、相互验证，确保计算准确和完整（不漏项）的计量方法和要求，提出了统一计量、计价方法，规范计量、计价流程，公开六大计算表格的有关内容，并遵循准确、完整、精简、低碳原则和遵循闭合原则对计算结果进行校核等一系列措施来避免重复劳动，使计算成果一传到底，彻底打破了算量信息孤岛。可以设想：如果在大学教材中写入该导则的内容，则毕业的学生直接适应工程实践将有重要的促进作用。

王在生先生自 1963 年开始从事预算工作应用研究 23 年，1985 年以来进行预算软件开发，至今仍在勤恳地进行工程计价有关问题的研究，可以说该导则集成了他多年的智慧与心血。愿广大工程造价人员从本书中获益，并希望有志者投入到该导则的研究、评判和改进中来，让导则在全国各地开花结果。

中国建设工程造价管理协会

2014 年 4 月 3 日

前　　言

　　本导则是在总结我国自 20 世纪 70 年代以来推广统筹法计量经验的基础上，针对当前大部分工程在计量时只图快、不求准、不校核，同一工程项目的不同阶段不同参与主体重复算量，检查、核对、审计工程量的依据不统一、不规范、不科学的现状，为了统一建筑、装饰工程计量计价的计算方法，确保其准确性和完整性，公开工程量计算书，以便核对工程量而制定。

　　工程量清单计价规范、计量规范和定额工程量计算规则与本导则的区别：前者只是针对单位工程中一个分部分项工程（工序或构件）的工作内容和计算规则的规定；而后者是针对一个单位工程如何根据科学、统筹的理论来快速地计算出完整、准确的整体工程量，作到不丢项漏项、不重复算量，通过套用项目模板来减少挂接清单和套用定额的重复性劳动的一套方法。

　　本导则是对现行工程量清单计价规范、计量规范贯彻执行的具体方法和步骤，是保证单位工程计量的准确性和完整性的具体措施，主张在准确的前提下提高速度。

　　本导则由王在生、吴春雷执笔，参编人员：黄伟典、冯钢、赵春红、张友全、关永冰、陈兆连、仇勇军、王慧敏、孙圣华、朱世伟、孙鹏、李曰君、朱开娣、殷耀静、刁素娟、郑冀东、连玲玲、郝婧文、方亮、付银华、王璐、单秀君。

目　次

1 总 则

1.0.1 为统一房屋建筑、装饰工程计量计价的计算方法，规范计量计价流程，确保工程量计算的准确性和完整性，以便公开工程量计算书、核对工程量，依据国家标准《建设工程工程量清单计价规范》GB 50500—2013（简称计价规范）和《房屋建筑与装饰工程工程量计算规范》GB 50854—2013（简称计量规范）制定本导则。

1.0.2 本导则适用于房屋建筑、装饰工程实施阶段的计量计价全过程。

1.0.3 本导则的指导思想是统筹安排、科学合理、方法统一、成果完整。

1.0.4 计量计价工作应遵循准确、完整、精简、低碳的原则。

1.0.5 工程计量应遵循闭合原则，对计算结果进行校核。

1.0.6 本导则的要求是统一计量、计价方法，规范计量、计价流程，公开计算表格。

1.0.7 房屋建筑、装饰工程计量计价的活动，除应遵守本导则外，尚应符合国家现行有关标准的规定。

2 术 语

2.0.1 图算

依据施工图，通过手工或识别建立模型、设置相关参数后，由计算机识图自动计算工程量，简称图算。包括二维计量、三维计量和建筑信息模型(BIM)计量。

2.0.2 统筹 e 算

统筹 e 算的 16 字要点："公开算式、校核结果、电算基数、一算多用"。人工识图，运用统筹法原理设计的表格录入数据，应用计算机来计算工程量，简称统筹 e 算。

2.0.3 碰撞检查

在计量时要对施工图进行审查，找出建筑与结构图的矛盾，平、立、剖面与大样图及门窗统计表的矛盾等，统称碰撞检查。

2.0.4 计量备忘录

在计量过程中发现的问题及处理措施应形成计量备忘录，作为工程计量的依据，列入工程量计算书的附件中。

2.0.5 施工图会审记录

施工图会审一般由建设单位组织，设计、监理和施工单位参加，针对施工图中的问题商定解决方案，形成的施工图会审记录与原施工图具有同等效力。

2.0.6 闭合原则

闭合原则是最有效的校核方法之一。即采用逆向思维，用另一种方法算一遍，来保证其正确性。

2.0.7 转化

将施工图结合施工图会审记录或计量备忘录，按计算规则要求转化为计算式和结果。

2

2.0.8 校核

应通过闭合原则来校核工程量计算结果的准确性。

2.0.9 公开

公开计算式及其辅助计算表格，以便核对，并将计算过程一传到底，避免重复劳动。

2.0.10 项目模板

项目模板包含序号、项目名称、工作内容、编号（清单编码或定额编号）及清单或定额名称等5列内容，依据现有的工程实例，在此基础上修改为本工程所需要的内容，并可保存作为下一个工程的参考模板。

2.0.11 基数

基数是统筹法计算工程量的重要概念。传统的基数概念只限定于"三线一面"，现扩充为3类基数，即"三线三面"基数、基础基数和构件基数，可视为计算工程量的基本数据表，以便进行重复利用。

2.0.12 六大表

工程计量时形成的包含原始数据、中间数据和结果的六大表格，包括：门窗过梁表（表5.1.2、表5.1.3、表5.1.4）、基数表（表5.2.5）、构件表（表5.3.5）、项目模板（表5.4.1）、钢筋汇总表（表6.2.4）和工程量计算书（表7.0.7）。

2.0.13 一算多用

传统统筹法计算工程量的要点：统筹程序、合理安排、利用基数、连续计算、一次算出、多次应用、结合实际、灵活机动，其中，"一次算出、多次应用"是提高效益的关键，现简化为"一算多用"。

2.0.14 二维序号变量

基数属一般变量，用字符来表示，需要事先定义。二维序号变量用约定打头的字母加序号数字（如 D_2 或 $D_{2.5}$）来表示该项计算结果（或计算式），当序号变量的前面发生插入或删除操作时，其序号数字会相应改变，故该变量是一种动态的二维变量，用来实现"一算多用"的功能。

2.0.15 全费用综合单价

即国际上所谓的综合单价，一般是指构成工程造价的全部费用均包括在分项工程单价或措施项目单价中，这与原建设部令第107号文中对综合单价的定义是一致的。

2.0.16 定额换算

依据定额说明在原定额基础上进行的换算。

2.0.17 统一法

统一计算综合单价的一种方法。统一法不需要求出单位清单量，而是用人、材、机的合价与清单量相除得出单价后直接得出综合单价。用统一法来避免正算和反算结果不一致的现象。

2.0.18 模拟工程量

工程项目实行边勘测、边设计、边施工的"三边工程"中，其工程量无法准确计算，为了招投标的需要而匡算的工程量，简称模拟工程量。

3 一 般 规 定

3.0.1 工程计量的方法和要求：统筹 e 算为主、图算为辅、两算结合、相互验证，确保计算准确和完整(不漏项)。

3.0.2 工程计量应提供计算依据，应遵循提取公因式、合并同类项和应用变量的代数原理以及公开计算式的原则，公开六大表。

3.0.3 在熟悉施工图的过程中应进行碰撞检查，作出计量备忘录。

3.0.4 工程量清单和招标控制价宜由同一单位、同时编制。

3.0.5 工程量清单和招标控制价中的项目特征描述宜采用简约式，定额名称应统一，宜采用换算库和统一换算方法来代替人机会话式的定额换算。

3.0.6 宜采用统一法计算综合单价分析表。

3.0.7 在招投标过程中宜采用全费用计价表作为纸面文档，其他计价表格均提供电子文档(必要时提供打开该文档的软件)以利于环保和低碳。

3.0.8 计量、计价工作流程如下(图 3.0.8、表 3.0.8)。

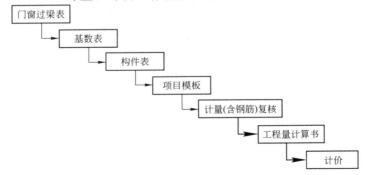

图 3.0.8 计量、计价工作流程

阶段	序号	项目名称	工作内容
熟悉施工图，完成四大表	1	门窗统计表（按层分列）	熟悉施工图并找出问题、改正错误，该统计表可由 CAD 施工图导入
	2	门窗过梁表（按墙分列）	按门窗洞所在墙体分配，并按 5 种过梁形式统计过梁，完成门窗过梁表
	3	"三线三面"基数	按"三线三面"计算各层基数
	4	基础基数	按基础类型统计长度和截面面积
	5	构件基数	按层、分强度等级统计梁长、柱截面和板面积
	6	构件表	按层、分强度等级统计构件
	7	项目模板	按分部复制并整理项目清单定额模板，导入工程量计算书
分部工程量计算	8	基础量计算	挖土、垫层、基础、回填、脚手架、模板
	9	±0.000 以下建筑	墙、柱、梁、板构件、砌体、台阶、护坡以及脚手架、模板
	10	±0.000 以上建筑	墙、柱、梁、板、其他构件、砌体、保温、屋面等以及脚手架、模板
	11	±0.000 以下装饰	门窗、地面、楼面、内外墙面、天棚、脚手架
	12	±0.000 以上装饰	门窗、地面、楼面、内外墙面、天棚、脚手架
钢筋	13	图算	钢筋、接头及相关工程量
校核	14	校核	图算与表算对量
计价	15	计价	清单、定额、计价表格及全费用计价表

4 数据录入规则

4.1 数据采集顺序

4.1.1 计算列式，顺序统一

计算式的顺序是长×宽×高×数量（变量表示：$LBHn$）。

此原则适用于各个专业，可广泛用于体积、面积和长度的计算列式。

门窗洞口应按宽×高×数量的顺序来输入，这样在计算机处理数据时才能依据门口的宽度来确定扣除踢脚板的长度，或依据窗口的宽度来确定窗台板的长度。

4.1.2 从小到大，先数后字

采集施工图数据顺序遵循先数字轴后字母轴和由小到大的原则。

外围面积的计算式必须先输数字轴长度，再输字母轴长度。

4.1.3 内墙净长，先横后纵

内墙长度以数字轴（横墙）为主，丁角通长部分一般不断开。

本条原则是针对墙体的计算，要先算数字轴墙的长度。遇到拐角、十字角时，一般情况下内墙长度以数字轴（横墙）为主，纵墙扣除横墙墙厚；遇到丁字角时，应按通长部分不断开的原则计算。

4.2 数据采集约定

4.2.1 结合心算，采集数据

数据的采集要与心算相结合。

要求结合心算将简单计算式直接输成结果，这样做有两个原因：一是便于后面利用辅助计算表计算房间装修时调用；二是对于这种简单运算，利用心算来简化列式是不难理解的。

4.2.2　遵循规则，保留小数

计算结果要严格按工程量计算规则保留小数位数。

1. 以"t"为单位，应保留小数点后 3 位数字，第四位小数四舍五入。

2. 以"m"、"m²"、"m³"、"kg"为单位，应保留小数点后 2 位数字，第三位小数四舍五入。

3. 以"个"、"件"、"根"、"组"、"系统"为单位，应取整数。

在计算结果中，将依据清单或定额的单位来确定工程量的有效位数，足以保证其精确度。

4.2.3　加注说明，简约易懂

加注必要的简约说明，以看懂计算式为目的。

对计算式的说明，可以放在部位列内，也可放在计算式中用中括号"〔　〕"括起来。

4.3　数据列式约定

4.3.1　以大扣小，减少列式

面积的计算宜采用以大扣小的方法。

基数中的室内面积采用大扣小的方法，在辅助计算表调用计算式时，能够减少数据录入和计算式；在计算建筑面积时，采用大扣小的方法也是合理的，先算大面积、再扣小面积要比算出几个小面积相加更易于校对。

4.3.2　外围总长，增凸加凹

外墙长 W 要用外包长度加凹进长度简化计算。

本条原则用于计算凹进或凸出部分的外墙长度。

4.3.3 利用外长，得出外中

外墙中心线长 L 一般可利用外墙长 W 扣减 4 倍墙厚求出。

4.3.4 算式太长，分行列式

计算式不要超过一行，数据多时分行计算。

4.3.5 工程过大，分段计算

大工程宜分单元或分段进行计算。

5 计量表格

5.1 门窗过梁表

5.1.1 门窗过梁表包含门窗统计表、门窗表和过梁表 3 种表格。

5.1.2 门窗统计表(表 5.1.2):按层统计门、窗、洞数量。此表可由施工图中的门窗统计表转来,但要进行校对,改正表中的错误,并按门以 M 打头、窗以 C 打头、洞口以 MD 打头的规则对门窗号变量进行命名。

门窗统计表　　　　　　　　　　　表 5.1.2

门窗号	洞口(BH)/m	面积/m²	数量	一1层	1层	2层	3～14层	15层	顶层	合计/m²
M1	1.00×2.40	2.40	1	—	—	—	—	—	1	2.40
M2	1.30×2.15	2.80	1	—	—	—	—	—	1	2.80
M3	2.16×(2.30+0.80)	6.70	1	—	1	—	—	—		6.70
M4	0.80×2.10	1.68	161	26	9	9	9×12	9	—	270.48
					……					
—	合计/(樘,m²)	—	565	34	38	35	420	35	3	1334.98
C1	0.60×1.50	0.90	103	5	7	7	7×12	—		92.70
C101	0.60×1.60	0.96	7					7		6.72
					……					
—	合计/(樘,m²)	—	413	18	27	26	312	27	3	833.20

5.1.3 门窗表(表 5.1.3):按门、窗、洞所在墙体统计数量,最后生成按墙体划分的面积。此表是依据门窗统计表将各层

10

洞口分配到所在墙体列，并按以下 4 种类型填写过梁代号（n 表示序号）：GLn 表示现浇过梁；YGLn 表示预制过梁；QGLn 表示圈梁代过梁；KGLn 表示与框架梁整浇部分。

门 窗 表

表 5.1.3

门窗号	施工图编号	宽/m×高/m	面积/m²	数量	24W墙	24N墙	12N墙	混凝土墙	洞口过梁号
M1	M1 铝合金	1.00×2.10	2.10	1	1	—	—	—	QGL1
M2	M2 镀锌钢板	1.30×2.10	2.73	1	1	—	—	—	QGL2
M3	M3 自理	2.16×(2.30+0.80)	6.70	1	1	—	—	—	KGL1
M4	M4 门洞	0.80×2.10	1.68	135			135		GL1
M5	M5 门洞	0.90×2.10	1.89	176			176		GL2
					......				
C18	C18	1.70×0.90	1.53	1	1	—	—	—	—
—	—	—	数量	1007	457	190	358	2	
—	—	—	面积/m²	2240.15	1202.26	365.68	670.05	2.16	

5.1.4 过梁表（表 5.1.4）：表中的长度等于门窗表中的宽度加 500mm，宽度等于门窗表中的墙体宽度，可以由计算机自动生成。高度需根据施工图的要求来填写，过梁长度可根据实际情况调整。

过 梁 表

表 5.1.4

过梁号	施工图编号	长/m×宽/m×高/m	体积/m³	数量	24W墙	24N墙	12N墙	混凝土墙	对应门窗号
GL1	GL1	1.30×0.12×0.12	0.02	135	—	—	135	—	M4
GL2	GL2	1.40×0.12×0.12	0.02	176	—	—	176	—	M5
GL3	GL3	2.00×0.24×0.18	0.09	3	1	2	—	—	M6，M8
					......				
—	—	—	数量	497	11	128	358	—	
—	—	—	体积/m³	15.27	0.72	6.89	7.66	—	

5.1.5 门窗过梁表变量的调用，统一规定如下：

5M4　　　　　表示 5 个 M4 的面积；

M　　　　　　表示所有门的面积；

M<24>　　　表示 24cm 厚墙上所有门的面积；

M<24w>　　表示 24cm 厚外墙上所有门的面积；

GL　　　　　表示所有现浇过梁的体积；

GL<24>　　表示 24cm 厚墙上现浇过梁的体积；

GL<24w>　表示 24cm 厚外墙上现浇过梁的体积；

以此类推。

5.2　基　数　表

5.2.1　基数是计算工程量的基本数据，可分为 3 类基数。

5.2.2　"三线三面"基数，分别用以下字母表示（其中 n 表示层，××表示墙厚）：

W_n——外墙长；

$L_{n××}$——外墙中心线长；

$N_{n××}$——内墙净长；

S_n——外围面积；

R_n——室内面积；

Q_n——墙身水平面积。

"三线三面"基数的校核公式：

$$S_n - R_n - Q_n = 0$$

5.2.3　基础基数，分别用以下字母表示（其中×表示编号）：

$I_×$——外墙基础长（总长＝L）；

$J_×$——内墙基础长；

$K_×$——内墙基底长；

$A_×$——基础断面；

T——综合放坡系数；

JM——建筑面积；

基 数 表

表 5.2.5

序号	基数	部位及名称	计算式	基数值
29		2~15层		
30	S	外围面积	$S_0-6.76×2.2-0.96×2.4×2$	436.486
31	W	外墙长	$W_0+2.4×4+2.2×2$	126.360
32	L	外墙中心线长	$W-4×0.24$	125.400
33	N	24cm厚内墙	([6]3.66+[10]0.6+[12]4.86)×2+[水]2.4+[D]10.36+[E]0.58+5.52+[G]9.86×2	56.82
34		12cm厚横	([3]5.86+[4]3.78+2.1+[5—]2+2.4+[7]3.2)×2+[9]1.56+[10]4.5+[13]6.66+[电]2.16=53.56	102.14
35	N_{12}	12cm厚内墙	H34+[C]6.86×2+3.38+3.18+[D]2.08×2+[E]2.06+[F]3.48×2+[J]3.48×2+[卫厨1](2+2.08)×2	
36	Q	墙体面积	$(L+N)×0.24+N_{12}×0.12$	55.990
37		C1卧室	(3.48×2.76+3.36×2.98)×2=39.235	
38		C2卧室	(3.48×3.78+3.26×3.78)×2=50.954	
39		C3卧室	3.38×4.38+3.18×4.26=28.351	
40		C1客厅	(7.56×5.86-2×2.4+0.12×0.98)×2=61.478	
41		C2客厅	(6.86×6.06-3.6×2.1-2.2×2.4)×2=57.463	
42		C3客厅	5.08×6.66-1.52×5.1=26.081	
43		厨1、2	(2.08×3.08+3.48×1.98)×2=26.594	

续表

序号	基数	部位及名称	计算式	基数值
44		厨3	3.18×2.28=7.250	
45	RM_1	楼面1	Σ	297.406
46		卫1、2	(2×1.88+2.08×2.28)×2=17.005	
47		卫3	1.86×2.16=4.018	
48	RM_2	楼面2	Σ	21.023
49	RM_3	前室、走廊	1.86×4.86+12.76×3.66−8.88×2.4+1.16×0.6	35.125
50	R	室内面积	$RM_1+RM_2+RM_3+DT+LT+BJ$	380.496
51		校核	$S-Q-R=0$	0

注:1. 本表定义了10个基数(7个基数和3个构(件基数));
2. 在30、31行用到了前面定义了的基数 S_0(首层外围面积)和 W_0(首层外墙长)、32、36 行用到了本表定义的基数 W(外墙长)、L(外墙心线长)、N(24cm 厚内墙长)、$N12$(12cm 厚内墙长);
3. 计算式中的注释放入中括号"[ ]"内,表示不参加运算,例如:33行的 [6] 表示在水表井一侧等;
4. C2客厅的计算式"(6.86×6.06−3.6×2.1−2.2×2.4)×2=57.463",调入室内装修表后可形成3行数据:第 1 行"6.86、6.06、2",再其上高度计算2个房间的踢脚线长度、平面面积和立面面积;第 2 行"−3.6、2.1、2"和第 3 行"−2.2、2.4、2"只用于计算2个房间的平面扣减面积;
5. 45、48行的"Σ"表示分段汇总37~44行和46、47 行的结果,并在指定段内计算式后面加等号和中间结果;
6. 根据楼面的不同做法,在基数中定义了 RM_1、RM_2、RM_3 变量;
7. 50行中的 DT、LT、BJ 分别表示电梯、楼梯表井面积,均在前面予以定义;
8. 51行的校核结果为0,说明基数计算正确。

14

JT——建筑体积。

5.2.4 构件基数，分别用以下字母表示(其中××表示板厚或类型)：

$B_{××}$——板面积；

$WKZ_{××}$——外框柱长度；

$KL_{××}$——外框梁长度；

$KN_{××}$——内框梁长度；

$KZ_{××}$——框柱截面积；

$WZ_{××}$——外框柱周长；

$NZ_{××}$——内框柱周长；

$YX_{××}$——腰线长度；

$QL_{××}$——圈梁长度。

5.2.5 实例：表中数据摘自一个工程实例中 2～15 层的基数计算式数据(表 5.2.5)。

5.3 构 件 表

5.3.1 一个单位工程一般要包含几百到上千个混凝土构件，按教科书和现阶段图形计量方法是分层、分部位、分构件编号逐一列出计算式。如此庞大的计算式势必带来较高出错率，增加对量难度。

5.3.2 构件表可按定额号分类、分层统计构件数量，可起到提纲作用，以便有序计算构件体积和模板，并提供给钢筋计算软件，以便统一按构件提取钢筋数据。

5.3.3 根据工程量计算应遵循按照提取公因式、合并同类项和应用基数变量的代数原则而设计的构件表，表内含构件尺寸和各层的数量，可方便、快捷的校核和计算工程量。

5.3.4 构件表的数据应与工程量计算书关联，建议软件实现在索引中双击名称可将其所含构件的计算式和数量调入计算书中，若双击某一构件则只调入该构件的计算式和数量。

5.3.5 构件表示例(表5.3.5)

构件表中利用的基数变量：R_{14}，R_{10}，R_{12}，R_{DB}，KL_{60}，KL_{50}，KL_{47}，KL_{40}。

构 件 表　　　　　　表5.3.5

序号	构件类别/名称	L	a	h	基础	1～6层	7～8层	9～14层	15层	顶层	数量
27	有梁板7；顶层C25										
	7～15层板厚140mm	R_{14}	—	0.14	—	—	2	6	1	—	9
	板厚100mm	R_{10}	—	0.10	—	—	2	6	1	—	9
	板厚120mm	R_{12}	—	0.12	—	—	2	6	1	—	9
	顶板厚120mm	R_{DB}	—	0.12	—	—	—	—	—	1	1
	LL2	2	0.24	0.70	—	—	2	6	1	—	9
	LL2	2	0.24	0.90	—	—	—	—	—	1	1
	7～8层外梁600mm	KL_{60}	0.24	0.60	—	—	2	—	—	—	2
	外梁500mm	KL_{50}	0.24	0.50	—	—	2	—	—	—	2
	外梁470mm	KL_{47}	0.24	0.47	—	—	2	—	—	—	2
	外梁400mm	KL_{40}	0.24	0.40	—	—	2	—	—	—	2

5.4　项目模板——项目清单定额表

5.4.1　工程计价活动可分为计量和计价两个阶段，其中的纽带是清单和定额的套用。计量是创造性劳动，套清单、定额则可以看作重复性劳动。为避免或减少重复劳动和漏项，倡导采用项目模板来完成工程的套项工作。模板建立的格式（表5.4.1），可按工程结构类型的不同归类建立或自动形成，再遇到同类相近工程时参照调用即可，主要作用是快速套项，不漏项；统一清单名称的特征描述、定额名称及常用换算表示方法。

<table>

序号	项目名称及工作内容	编号	清单/定额名称
	±0.000以下建筑		
1	平整场地	010101001	平整场地
		1-4-2	机械场地平整
		10-5-4	75kW履带推土机场外运输
2	基础土方	010101002	挖一般土方；坚土
	①挖土方（坚土）	1-3-10	挖掘机挖坚土
	②挖地坑（坚土）	1-2-4-2	人工挖机械剩余5%坚土深4m内
	③挖地槽（坚土）	1-4-4-1	基底钎探（灌砂）
	④钎探	1-4-6	机械原土夯实
	⑤基底夯实	10-5-6	1m³内履带液压单斗挖掘机运输费
		010101004	挖基坑土方；基坑坚土
		1-3-13	挖掘机挖槽坑坚土
		1-2-3-2	人工挖机械剩余5%坚土深2m内
		1-4-4-1	基底钎探（灌砂）
		1-4-6	机械原土夯实
		010101003	挖沟槽土方；人工挖地槽坚土
		1-2-12	人工挖沟槽坚土深2m内

</table>

项目清单定额表　　　　　　　　　　表 5.4.1

5.4.2　分部

在一个单位工程内，为了计价需要，可分成多个分部进行计算，例如：可分为±0.000以下建筑分部来计算基础，±0.000以上建筑分部来计算计取超高费的项目。

5.4.3　项目名称

按施工项目顺序填写。

5.4.4　工作内容

填写该施工项目中所含的工作内容，一般应严格按施工图说明中的做法列出，以便对照。

5.4.5 编号

指工程量清单的前 9 位编码（后 3 位在调入时自动生成）和定额编号以及换算编号。

5.4.6 清单项目名称

根据新的《山东省建设工程工程量清单计价规则》，已将 2013 规范中的项目名称与项目名称特征合并为一列，项目特征描述应遵循的原则：

1. 要结合拟建工程项目的实际要求予以简约的描述，而不要按格式化刻板地进行描述；

2. 可采用详见××图集××图号的方式；

3. 项目特征描述是为了确定综合单价，与单价无关的内容不要描述；

4. 钢筋可不分规格仅按种类列出清单项目。

5.4.7 定额名称

1. 定额名称具有专业性，要由造价专家来审定，不应根据定额的各级标题来罗列和叠加；

2. 定额名称宜控制在 16 个汉字内，按简约的方式清晰表述；

3. 山东省已习惯用 1、2、3、4 来分别表示混凝土的石子粒径小于 15mm、小于 20mm、小于 31.5mm 和小于 40mm 的 4 个级别，故名称中不需要再重复表述，例如：C354 中 C35 表示混凝土强度等级，4 表示石子粒径<40；

简约表示法：4-2-17.40′ C354 商品混凝土矩形柱；

其他表示法：4-2-17hs 水泥砂浆 1∶2/C354 现浇混凝土碎石<40/现浇矩形柱

简约法用 4-2-17.40′可直接带出换算名称，也不需要进行换算操作；若采用 4-2-17hs，则需要人机对话对强度等级和商品混凝土进行换算操作。

4. 在清单所含的定额项中列出措施费项目，如大型机械进场费、模板和脚手架定额项目，以便计量。转入计价时，自动归入措施费的清单项目中。

5.4.8 换算定额名称

对定额换算的处理有 5 种方法：

1. 换算定额——定额说明或综合解释提到的换算，将视同定额一样，建立换算库来解决，一劳永逸。这些换算定额已被许多地市采用，并刊登在价目表上。如 1-2-4-2 表示人工挖机械剩余 5% 坚土深 4m 内，人工挖土套用相应定额时乘以系数 2.00。

2. 强度等级换算——混凝土和砂浆强度等级的换算，用定额号带小数表示，小数部分可以是定额中多单价的顺序号，也可以是配合比表中的序号，如 3-1-14.2 与 3-1-14.03 均表示 M5.0 混浆混水砖墙 240mm 厚。

3. 倍数换算——用定额号加 "*" 和倍数表示，如 4-2-46*-1′ 表示 C202 商品混凝土梯板厚－10mm，4-2-46*3′ 表示 C202 商品混凝土梯板厚＋(10×3)mm。

4. 常用换算——定额说明中影响大量定额的系数调整和有关规定，由于它具有唯一性，故统一用定额号和换算号后面加 "′" 表示。如 2-1-13-2′ 表示 C154 商品混凝土无筋混凝土垫层（独立基础）。例如，针对山东定额可用定额号加 "′" 表示以下 6 种换算：

（1）商品混凝土——在计价软件中进行价格调整；

（2）三、四类材料——木门窗制作人机乘以系数 1.30，安装人机乘以系数 1.35；

（3）弧形墙砌筑——人工乘以系数 1.10，材料乘以系数 1.03；

（4）弧形墙抹灰——人工乘以系数 1.15；

（5）竹胶板制作——山东省各地规定将胶合板模板定额中胶合板扣除，另增加制作费用；

（6）灰土中的就地取土。

通过前面 4 种换算方法，解决了大量定额中有规定的换算问题，它们均可在计量中直接应用，导入计价软件后不需再次进行人机会话调整。

5. 临时换算——针对个别分部分项工程项目的施工图要求与定额和换算定额的含量不符时进行的换算，采用定额号或换算号后面加"H"来表示，在项目模板中仅可以修改名称，在计价中进行换算数据的调整。

6 图算与钢筋计算

6.1 图形计量

6.1.1 图形计量是统筹 e 算必要的校核步骤。

6.2 钢筋汇总表

6.2.1 钢筋计算是工程量计算的重要组成部分。由于钢筋计算的特殊性，宜参照构件表，采用图表结合的钢筋算量软件或图形算量软件来计算。

6.2.2 钢筋计算结果应提供按十大类分列的钢筋汇总表，其质量以"kg"为单位取整。

6.2.3 钢筋计算需提供按定额汇总的钢筋工程量表，汇入工程量计算书中，其质量以"t"为单位，此表与钢筋汇总表的合计值应一致。

6.2.4 钢筋汇总表示例(表 6.2.4)

钢筋汇总表 表 6.2.4

规格 \ 构件	基础	柱	构造柱	墙	梁、板	圈梁	过梁	楼梯	其他构件	拉结筋	合计
$\phi4$											
$\phi6$											
$\phi8$											
$\phi10$											

规格 ＼ 构件	基础	柱	构造柱	墙	梁、板	圈梁	过梁	楼梯	其他构件	拉结筋	合计
…											
⏀10											
⏀12											
⏀14											
⏀16											
⏀18											
⏀20											
⏀22											
⏀25											
合 计											

注：1. 框剪柱和暗柱的钢筋均并入柱钢筋内；
2. 暗梁钢筋并入墙内；
3. 措施钢筋及板凳筋等列入相应构件内；
4. 其他构件包括雨棚、阳台、挑檐、压顶等构件；
5. 钢筋接头另行统计；
6. 地面和屋面的 $\phi4$ 钢筋网可根据工程量清单的内容单列。

7 工程量计算书

7.0.1 工程量计算书的清单、定额应套用项目模板，当需要调整时应同步修改项目模板，以利于存档和其他工程的调用。

7.0.2 清单和其定额的工程量应同时计算，当其计量单位和计算规则与上项相同时，建议软件中实现在单位处用"＝"号表示，工程量自动形成。

7.0.3 应充分利用基数变量和二维序号变量来避免重复计算。

7.0.4 应充分利用提取公因式、合并同类项等代数原理来简化计算。

7.0.5 可采用辅助计算表和图形计量来计算实物工程量，将其计算式或结果调入实物量计算书中；实物量计算书的格式与工程量计算书相同，只是没有清单和定额的编号及名称，其结果（用 Y_n 表示）和计算式均可选择调入工程量计算书中。

7.0.6 应通过校核证明算式正确。

7.0.7 工程量计算书示例（表 7.0.7）

工程量计算书 表 7.0.7

序号		编号/部位	项目名称/计算式		工程量	
25	45	010402001001	矩形柱；C35	m^3		54.72
		1～3 层	$KZ_1 \times 2.9 \times 3$			
26		4-2-17.40′	C354 商品混凝土矩形柱	＝	54.72	
27	46	010402001002	矩形柱；C30	m^3		54.72
		4～6 层	D_{25}			
28		4－2－17.2′	C304 商品混凝土矩形柱	＝	54.72	

序号		编号/部位	项目名称/计算式		工程量
29	47	010402001003	矩形柱；C25	m³	146.65
	1	7~8 层	$KZ_1 \times 2.9 \times 2$	36.48	
	2	9~15 层	$KZ_9 \times (2.9 \times 6 + 3.1)$	110.17	
30		4-2-17′	C254 商品混凝土矩形柱	=	146.65
31		10-4-88′	矩形柱胶合板模板钢支撑(扣胶合板) m²		2256.33
	1	1~8 层	$(WZ_1 + NZ_1) \times 2.9 \times 8 = 1244.45$		
	2	9~15 层	$(WZ_9 + NZ_9) \times (2.9 \times 6 + 3.1) = 1011.88$		
	3		H1+H2	2256.33	
32		10-4-311	柱竹胶板模板制作	m²	550.55
			$D_{31} \times 0.244$		
33		10-1-102	单排外钢管脚手架 6m 内	m²	3423.58
	1	内柱模板量	$NZ_1 \times 2.9 \times 8 + NZ_9 \times (2.9 \times 6 + 3.1)$	1221.10	
	2	周长另加 3.6m	$(2.9 \times 14 + 3.1) \times 14 \times 3.6$	2202.48	

注：1. 本例用 9 行计算式完成了 15 层框剪结构全部柱子的混凝土、模板和脚手架的计算工作，与其他计量方法相比，其计算书列式(200~430 行)可减少 95%以上；

2. 第 1 列序号表示本分部编号，包含清单和定额；第 2 列左侧序号表示本单位工程的清单序号，在此依据一个单位工程内不能有重码的原则将项目模板中的 9 位编码自动加上 3 位顺序号；右侧的斜体序号表示一个项目内的计算式序号；

3. H_n(如表 7.0.7 第 31 项数据所示)表示调用项内计算结果或算式(前面加等号可复制、粘贴计算式)；

4. D_m 表示调用第 m 项的计算结果或算式；$D_{m.n}$ 表示调用第 m 项中第 n 行的计算结果或算式；

5. 计算式中的 KZ_1、KZ_9、$WZ_1(NZ_1)$、$WZ_9(NZ_9)$ 是基数变量，分别表示 1~8 层柱截面、9~15 层柱截面、1~8 层外(内)柱周长和 9~15 层外(内)柱周长；

6. 第 32 项中的 $D_{31} \times 0.244$ 的 0.244 是根据济南市规定自动带出的竹胶板制作系数。

8 计 价 表 格

8.0.1 工程量表是工程计价的依据，它由工程量计算书生成。在生成过程中将计算式屏蔽，将措施项目（模板、脚手架）分列出来。

8.0.2 在工程量表生成时，可生成原始顺序文件或按清单项目编码排序后的文件。

8.0.3 同一工程量表可以按不同地区价格生成不同的计价文件，可以将同一工程量文件生成的任意两个计价文件进行对比。

8.0.4 工程量表是一个中间量电子文档，它的输出结果体现在计价文件的综合单价分析表中（表8.0.4的1～5列），该表应作为招标控制价和竣工结算价的必要组成部分。

8.0.5 综合单价分析表宜采用统一法计算，并遵循简约和低碳的原则采用统一模式（表8.0.4）输出。

综合单价分析表（统一模式）　　　　　表8.0.4

序号	项目编码	项目名称	单位	工程量	综合单价组成/元					综合单价/元
					人工费	材料费	机械费	计费基础	管理费和利润	
1	010505001001	有梁板；C30	m³	46.34	304.51	490.10	22.44	795.15	64.40	881.45
	4-2-41.2′	C302 商品混凝土斜板	10m³	4.634	78.21	281.22	0.94	338.48		
	10-4-160-1′	有梁板胶合板模板钢支撑(扣胶合板)	10m²	36.19	177.57	71.46	19.36	268.39		
	10-4-315	板竹胶板模板制作	10m²	8.83	23.52	132.57	0.84	156.93		
	10-4-176	板钢支撑高＞3.6m每增3m	10m²	21.07	25.21	4.85	1.30	31.35		

8.0.6 电子计价表格应遵循《建设工程工程量清单计价规范》GB 50500—2013 公布的 29 种表格样式（宜提供电子文档）。除此之外，宜提供纸质的全费用计价表（表 8.0.6），作为招标控制价、投标报价和竣工结算价的必要文件。该文件必须与电子文档的结果保持完全一致。

全费用计价表   表 8.0.6

序号	项目编码	项目名称	单位	工程量	全费单价/元	合价/元
		屋面部分				
1	010405001002	有梁板；C30	m³	46.34	435.75	20193
		小计				20193
2	CS1.1	混凝土、钢筋混凝土模板及支撑				25170
3	CS1.3	垂直运输机械				4593
		小计				29763
		合计				49956

注：全费用计价表汇总《建设工程工程量清单计价规范》GB 50500—2013 中的下列表格：
　　"E.3 单位工程招标控制价/投标报价汇总表"；
　　"F.1 分部分项工程和单价措施项目清单与计价表"；
　　"F.4 总价措施项目清单与计价表"；
　　"G.1 其他项目清单与计价汇总表"。

建筑与装饰工程
计量计价技术导则

条文说明

目　　次

1 总　　则

1.0.1　本条阐述了制定本导则的目的和规范依据。

工程造价管理包括合理确定和有效控制工程造价两个方面，工程造价的合理确定包括"量、价、费"三个核心，在工程造价的合理确定过程中，工程量计算消耗的时间占的比重最大。对于建设项目来说，工程造价的有效控制包括纵向控制和横向控制，其中纵向控制就是用"投资估算控制设计概算、设计概算控制招标控制价、招标控制价控制合同价、合同价控制结算价"，前者是后者的控制目标，后者是对前者的补充和完善。而控制工程造价的一个主要方面就是对工程量的有效控制。为了将《建设工程工程量清单计价规范》GB 50500—2013 中"招标人对工程量清单的完整性、准确性负责"落到实处；避免在建设项目实施阶段（招投标阶段、施工阶段、竣工结算阶段）工程量计算的重复工作，节约社会劳动力资源；提高工程量校核和核对的效率；解决工程造价计量难、计价难；减少重复计算、高估冒算、丢项漏项的情况发生，有效控制工程造价；有必要在建设项目招投标阶段编制工程量清单、招标控制价的时候，在计量时整理出一套完整、标准、统一的工程量计算书。它是计量过程的记录，是中间结果，是对工程量计算完整性、准确性审查的必要条件和主要依据之一，对工程量计算书进行审查是造价工作中的主要控制环节。

1.0.2　本条所指的适用范围是编制招标控制价和竣工结算价的工程量计算过程，而不包括投标中的工程量计算，这是因为《建设工程工程量清单计价规范》GB 50500—2013 明确规定：工程量的准确性和完整性由招标人负责，投标人没有计算工程量的义务和修改工程量的权利。

本导则要求工程量计算要通过两种计算方法(图算和表算)结合来保证其正确性和完整性。关于时间问题,在招标控制价编制时没有限制;投标时虽有时间限制但不需要计量;在竣工结算时应根据施工阶段积累资料,而不是到结算时才搜集,所以政策上规定的时间是充足的。故以时间紧迫而造成工程量计算图快不图准的理由不能成立。

当前,对于"高、大、特、新、奇"的建设项目来说,手工计算工程量速度慢、效率低、易出错,已经越来越被电算化所取代。电算化方法包括图算和表算两种方法。目前,图算尚没有提供统一的中间计量结果——工程量计算书,用于工程量的校核与对量;也没有一传到底的措施来避免下游的重复计量。本导则提出了两算结合的方法来解决对量和一传到底的问题,使计量成果服务于整个工程计量计价的全过程。

1.0.3 本条指出了本导则的指导思想:

1. 统筹安排

工程量计算应遵循一算多用的统筹法原则,因为统筹法是我国20世纪70年代开始在全国推广的计算方法,它是一种科学的计算方法,应当继续发扬光大;如果图算中加入统筹法元素,将是一项重大改进。

2. 科学合理

代数原则将会改变目前教材和表算中大多采用小学课程算术算法的现状,用代数代替算术,应用变量(二维变量)技术,是计量技术中一种科学、简约的计算方法。

3. 方法统一

本导则提出的11项数据采集规则将在后续章节中列出,为了有利于统一计算式,便于核对,建议图算和表算均参照执行。

4. 成果完整

本导则第五至七章对计量六大表的格式和内容进行了详细约

定；第八章对计价表格补充了全费用单价模式，并分出纸面文档和电子文档，这样做有利于整套造价成果的完善和保存。

1.0.4 准确、完整、精简、低碳是本导则的主要原则。

为了保证工程量计算的正确性和完整性，解决对量难的问题，本导则提供了录入数据采集规则和六大计量表格（门窗过梁表、基数表、构件表、项目模板、钢筋汇总表、工程量计算书）的整体解决方案来统一工程量计算方法，规范建筑、装饰工程计量行为。

采用单位工程项目模板保证计量项目的完整性，避免了挂接清单和定额的重复劳动；遵循闭合原则进行结果校核，采用图算与表算相结合验证计算结果的正确性和完整性；在保证正确性的前提下，基于统筹 e 算以提高速度。

本导则提出了精简、低碳的原则，顺应时代潮流，符合国策。具体措施包括定额名称、换算名称、清单项目特征描述的简化。这一点对某些习惯于盲目、死板硬套的预算员来说，是一个思想意识上的革命。

1.0.5 本条提出用闭合原则来校核，是一个创新。

1. 它是对统筹法的重要改进。原统筹法提出的"三线一面"和后人提出的"三线二面"，其中室内面积是用外围面积减去墙身面积得来，这样在"三线二面"的各项计算中都有出错的可能，因此我们无法用基数本身来证明其基数的正确性；计算了"三线三面"后，就可以用

$$外围面积-墙身面积-室内面积\approx0$$

这一闭合原则来校核，即可证明各项基数的正确性。

2. 现在的教材中只讲如何计算，一般都不讲如何校核，甚至将错误和误差混淆，认为是不可避免的正常现象。这就必然与工程量计算的正确性和完整性相悖，从而使《建设工程工程量清单计价规范》GB 50500—2013 中这一强制性条文成为一句没有相应措施来保证的空话。

3. 本条文提出要采用图算与表算相结合的方法来验证其正

确性和完整性，并提供校核依据。目前，国内已经逐步淘汰手工用笔和纸来计量(简称手算)，并发展为图算和表算。验证图算的正确，不能用手算，必须用电算(表算)来验证。

1.0.6 本条提出了本导则的三个要求：

1. 统一计量、计价方法

应用项目模板同时计算清单和定额工程量是落实计价改革中实行招标控制价政策的重要举措，不但可以避免重复劳动、保证工程量清单的完整性，而且将使工程量清单计价中所产生的复杂性、操作性、应用性中的诸多问题迎刃而解。

2. 规范计量、计价流程

第三章提出的计量、计价工作流程清晰地展示了造价工作步骤。一般教科书上罗列了多种顺序，如按施工先后顺序，按清单、定额编码顺序或按图纸轴线编号顺序等。均由于缺乏科学性和统一性而造成了十人算十个样，甚至一人算十遍也是十个样的局面。按此工作流程可以使整个计量、计价工作步骤达到统一和清晰。

3. 公开计算表格

本导则设计了六大表用于工程计量，并要求一传到底，打破算量信息孤岛。这是一个创新，必将带来巨大的社会效益。

1.0.7 本导则的条款是房屋建筑、装饰工程计量计价活动中应遵守的专业型条款，在计量、计价活动中除应遵守本导则外，还应遵守国家现行有关标准的规定。

2 术　语

2.0.1　图算是依据设计图纸，通过手工输入或导入 CAD 图形识别建立模型、设置相关参数后，根据软件内置的计算规则计算得出工程量。现在流行的是二维计量和三维计量，随着建筑信息模型（BIM）的发展，可实现在输出设计图纸的同时直接输出钢筋和混凝土等的工程量。图算采用布尔运算时，得不出计算式，只能输出简单图形的部分计算式。图算时可导出工程量统计表，但导出中间计算式过于复杂、不简约，不便于检查和对量，也不便于工程量计算书的存档管理。对于初学造价的人虽然也可以快速掌握图算技巧，但应用图算的人员，未必真正懂得图算原理，未必作到了工程量计算的准确性和完整性。图算具有直观、快速的特点，但其准确性和完整性并非完全由操作者来控制，有时会出现明知有错但找不出原因的尴尬状态。

2.0.2　统筹 e 算是表算的一种形式。表算的原理如同手算，简单的只是用计算机来代替笔和纸的功能。表算基本上分为两类：一类是基于 Excel 平台开发的软件，这种软件在国内应用较为普遍，缺陷是计算表格不统一，一般是自己应用，种类繁多，交流不便。另一类是公开发行的软件，如：天仁表格算量、爱算工程量表格算量、算王安装算量、纵横师友工程量计算稿、快算表格算量等，它们共同的特点是计算方法各异，交流不便。

统筹 e 算是通过人工识图，运用统筹法原理设计的表格录入数据，应用计算机依据计算式来计算工程量；它还能解决用代数方法（变量、函数）来实现"一算多用"的问题。表算应用者对工程的识图能力、造价知识的掌握要求更高，工程量计算值也更准确（表 2-1）。

统筹 e 算与 Excel 表计量功能对照　　　　　　表 2-1

序号	统筹 e 算	Excel 表算
1	专业的工程量计算表格，符合造价行业手算习惯并且统一、规范，便于核对和交流	自行设计表格，格式不统一、不规范，不便于核对和交流
2	挂接清单和定额计价依据，可实时查阅有关数据和计算规则	无
3	能根据定额组成，自动带出主材和系数	无
4	可显示计算式	经过二次开发的 Excel 表才能显示计算式
5	采用二维序号变量技术实现每项和每行计算式和计算结果的调用	调用功能局限、麻烦
6	自动生成做法清单/定额表，可任意调用，让造价员只干创造性劳动	无
7	设有 13 种辅助计算表，可以图表结合录入数据，实现一数多用，让计算变简单	无
8	包含钢筋、电气等一些特殊字符	无
9	与计价软件无缝链接	与计价软件链接不便
10	提供软件及专业服务	无

　　统筹 e 算将计量与计价合为一体，将计量作为计价的前处理。它不仅仅代替了笔和纸，而且利用统筹法原理将计量和计价实现了完美的组合。统筹 e 算综合了传统统筹法计量和其他表格计量的功能，与 Excel 表计量相比，它属于高档次的表算。

　　统筹法计量在我国从 20 世纪 70 年代开始已推广了近 40 年，基本上没有发展。现在大学教材和造价师培训教材中有关对统筹法计量的介绍仍然沿用的是近 40 年没有改变的"统筹程序、合理安排、利用基数、连续计算、一次算出、多次应用、结合实际、灵活机动"32 个字的基本要点。教材中列举的实例，全是手算，局限于简单的分部分项工程计算，且只有 2～3 页的篇幅。

统筹法是现代项目管理理论中的重要方法之一。统筹法的基本功能，是选择最优的工作方案，优化项目运作过程，获取更佳效益。从以上 32 个字的要点来看，统筹程序、合理安排、结合实际、灵活机动属于统筹法本身的基本概念，不专指计量；其中：利用基数、连续计算中的"基数"是个重要概念，至于是否连续计算则无十分必要；"一次算出、多次应用"这 8 个字可以简化为"一算多用"。故统筹法计量的 32 字要点可以简化为"基数"和"一算多用"6 个字继承下来。

"公开算式"和"校核结果"是统筹 e 算对传统统筹法计量的重要补充。

"公开算式"是对全过程计量来说最大的统筹，可以彻底打破计量信息孤岛；公开算式可以有效防止工程量的造假行为，可以不断提高造价员的业务水平。

校核结果：所谓"校核"，就是在计量时，至少要算两遍。有效的校核是用两种方法计算而得出结果一致。譬如：校核基数的闭合法；用图算结果来证明表算的正确以及按原方法重复计算一遍。

计量中的所谓"对"，是要经过"校核"来自己证明其结果是正确的；所谓"好"则是要做到简约和方法统一。大学教材中有关工程量计算不应停留在讲授如何"做"的阶段，而应当讲授如何"做对和做好"的问题。将"校核结果"列为统筹 e 算的 16 字要点之二，是为了在大学教材中补上这一重要内容。从学生开始养成将一件事情应该去"做对"的习惯，教授学生如何去"做好"的方法。

2.0.3 碰撞检查类似于图纸审查和会审，即在工程量计算过程中发现不同专业的图纸之间出现矛盾和遗漏的地方，影响工程量计算的准确性。

图纸的碰撞检查是工程计量的必经过程，也是造价人员从业基本能力的体现。首先，根据目前建设程序的规定，经施工图审查机关审核后的图纸即可作为编制招标工程量清单的依据，因而图纸的质量直接影响工程量清单的准确性及完整性。其次，《建设工程工程量清单计价规范》GB 50500—2013 第 4.1.2 条规定：招标工程量清单必须作为招标文件的组成部分，其准确性和完整性由招标人负责。这就要求在计算清单工程量时，造价人员必须进行图纸的碰撞检查，以保证工程量清单的准确性及完整性。

2.0.4 计量备忘录形式上类似于传统的编制说明中对图纸不详或矛盾之处的处理说明，但其法律地位和作用等同于编制说明。

本导则所述的计量备忘录，是碰撞检查的处理结果，必须作为招标工程量清单的组成部分和结算依据。只有这样才能杜绝招标工程量清单流于形式的弊端。

2.0.5 施工图会审记录是指工程各参建单位(建设单位、监理单位、施工单位)在收到设计院施工图设计文件后，对图纸进行全面细致的熟悉，审查出施工图存在的问题及不合理情况并提交设计院进行处理的一项重要活动。图纸会审内容由建设单位组织记录、整理为图纸会审记录。图纸会审记录经各参审单位签字盖章后生效，是建设工程合同的组成部分。

图纸会审与碰撞检查的区别，主要表现在时间、人员及目的等方面：

1. 时间：碰撞检查多发生于招投标前期，而图纸会审是招标结束后、工程开工前进行；

2. 人员：碰撞检查的人员主要是编制工程量清单的造价人员；图纸会审的人员是工程的各参建方，包括建设单位、监理单位、施工单位、造价咨询单位、设计单位等；

3. 目的：碰撞检查的目的主要是保证工程量清单的准确性和完整性，为今后施工阶段工程造价的调整奠定基础；图纸会审的目的主要是使各参建单位(特别是施工单位)熟悉设计图纸、领会设计意图、掌握工程特点及难点，找出需要解决的技术难题并拟定解决方案，从而将因设计缺陷而存在的问题消灭在施工之前。

2.0.6 本条对工程量校核的闭合原则进行了解释。

闭合原则一是通过图算和表算相结合的方法来实现；二是通过关联量的校核来实现，如"三线三面"基数用"$S_n - R_n - Q_n = 0$"闭合公式来校核基数的正确性，具体见表 5.2.5。

2.0.7~2.0.9 这三条是对传统概念的工程量计算定义的诠释。

传统概念的工程量计算是指建设工程项目以工程设计图纸、施工组织设计或施工方案及有关技术经济文件为依据，按照相关工程国家标准的计算规则、计量单位等规定，进行工程数量的计算活动。

该计算活动应包含转化、校核、公开等三方面内容，更完整地诠释工程量计算的作用和目的：

1. 转化：将设计图纸中标注的尺寸，根据工程量计算规则及相关做法，转化为工程量及相应的计算式。只有结果而没有中间过程，不能成为一个合格的工程量计算结果。

2. 校核：对工程量的计算结果要进行校核，并对其正确性和完整性负责，主要是验证自身计算结果的正确性。工程量的准确性直接决定了工程造价的正确与否。

3. 公开：按照统一的工程量计算规程进行列式，形成工程量计算书，并将其与设计图纸等一传到底，可以有效避免全过程造价管理中有关工程量计算的重复劳动。

强调公开计算式，是因为多年来预算工作都存在"工程量计算十人算十个样，甚至一人算十遍也是十个样"的现象。说明目前普遍存在工程量计算结果不能统一，作不到准确。主要原因是缺乏校核机制和计算式不公开。

工程量计算式的公开对规范建筑行业至关重要，首先，透明的机制是规范的必要前提，它可减少许多不必要的纷争，避免工程招标中的弄虚作假、暗箱操作等不规范的行为，进而为招投标的良好发展起到奠基的作用；其次，可以真正避免所有投标人做按照同一图纸计算工程量的重复劳动，从而节省大量的劳动时间并提高劳动效率。实行公开工程量计算式的政策后，将促使工程量计算书编制规范的产生，从而使工程量计算书的编制迈入科学化的轨道。

2.0.10　本导则提出的项目模板(项目清单定额表)概念是对工程计量、计价方法的重大改革。它的作用：

1. 解决了普遍认为清单计价难的问题。

在定额计价模式下，输入一个定额号，软件就能带出该定额号所表示的名称、单位、人材机组成及消耗量、工作内容、计算规则和单价；在清单计价模式下，输入一个清单号，软件能带出清单名称和一连串问题让你逐项回答特征描述，软件还能带出软件编程人员认为应套的定额(不一定准确)，你得判断该定额是否合适。所以，人们普遍感到清单计价难，尤其是新手，感到更难。

调入项目模板后，以上问题全部解决，使造价工作更简单。

2. 自动用简化式特征描述代替了问答式描述。这样做的结果是节约了大量资源，实现了环保和低碳。

3. 传统套清单与定额的查字典方式变成了调档案方式，其意义如同采用集装箱来代替零担式运输那样的变革。

4. 统一了一个咨询单位甚至一个地区的计价模式，避免了大量的重复劳动。

2.0.11　所谓基数，是指在工程量计算中需要反复使用的基本数据。为了避免重复计算，一般都事先把它们计算出来，随用随取。"基数"是统筹法计量的精华，用电算方法实现基数的计算和调用(简称：电算基数)是"利用基数"这一原则的重大发展。

2.0.12　六大表来源于实践，应打破计量信息孤岛一传到底，避免重复劳动。

实行工程量清单计价以前的计划经济年代，由上级下达任务，竣工时按实结算；后来在招投标过程中，招标人只提供设计院的概算书，但不对工程量的正确性和完整性负责，当时也没有咨询单位，而是让投标人根据施工图自己计量和报价。在施工过程中，一个施工队的预算员对外要下达门窗加工单、构件加工单甚至钢筋下料单，对内要根据工程量下达任务单和材料供应单，统称施工预算；完工后提出竣工结算。六大表中的门窗过梁表、构件表和钢筋汇总表用于对外加工；基数表、项目模板和工程量计算书的成果用于对内下达任务单和供料单。六大表是编制施工预、结算的基础。

实行工程量清单计价，工程量清单和招标控制价由招标人委托的咨询单位提供，利用六大表来辅助计量计价的任务落到了咨询单位手中。

2.0.13 在统筹 e 算中，主要通过以下功能实现"一算多用"的目的：

1. 规范数据，校核基数：采集数据要规范，基数由"三线一面"扩展为"三线三面"，成一闭合体系，必须进行校核；

2. 数据算式可调用：计算书中所有的计算结果和计算式，均可以二维变量的形式调用；

3. 重复内容调用模板：可调用整个工程数据，清单/定额做法模板，清单、定额工程量或计算式，建筑做法挂接定额模板等；

4. 重复数据不必录入：定额量与清单量相同、同列与上行数据相同均自动带出；

5. 图表结合，数据共享：辅助计算表均配有图形，可选择填表录入数据或按图示位置录入；

6. 关联数据自动带出：有关联的数据，经规范的顺序输入后可自动带出，不必重新计算。

2.0.14 所谓序号变量，就是利用序号作为变量名，可以不再定义变量名。以前只应用在费用文件中，如"计费基础"栏内（表 2-2）字母 A、B、C、R 变量值取自表外计算结果，第四行的计费基础是前 3 项之和，直接用 $1+2+3$ 表示；第七～十项的计费基础是第四项清单计价合计，直接用 4 表示；当插入一行，第四行成为第五行后，原"计费基础"中的 4 自动改为 5，也就是说序号变量具有联动性，这是它与其他变量的主要区别，故称其为序号变量。

费　用　表　　　　　　　　　　　　表 2-2

序号	费用名称	费率	说明	金额	计费基础
1	一、分部分项工程量清单计价合计			507346	A
2	二、措施项目清单计价合计			137989	B
3	三、其他项目清单计价合计			89020	C
4	四、清单计价合计		一+二+三	734355	1+2+3
5	其中，人工费			136769	R
6	五、规费		1+…+4	23573	7+8+9+10
7	1. 工程排污费	0.26%	四	1909	4
8	2. 社会保障费	2.60%	四	19093	4
9	3. 住房公积金	0.20%	四	1469	4
10	4. 危险作业意外伤害保险	0.15%	四	1102	4
11	六、税金	3.44%	四+五	26073	4+6
12	七、合计		四+五+六一社会保障费	764908	4+6+11-8

目前，在工程量计算中引入了二维序号变量 $D_{m.n}$ 的概念。原理：用 m 表示分部分项工程的序号，n 表示某项清单或定额内工程量计算式的序号，则 D_m 表示第 m 项清单或定额的工程量或全部计算式，$D_{m.n}$ 表示第 m 项清单或定额工程量中的第 n 行中间结果或计算式。

序号		编号/部位	项目名称/计算式		工程量
3		10-4-160-1′	斜有梁板胶合板模板钢支撑（扣胶合板） m^2		361.89
	1	顶板	$WM+D_{1.3}/0.1$	225.20	
	2	外梁 WKL1，4，7，9	$WKL_{65}\times(0.57+0.65+0.3)$	53.12	
	3	WKL2，5	$4.4\times(0.45+0.37+0.3)+18.75\times$ $(0.6+0.52+0.3)$	31.55	
	4	内梁 WKL2，3，6，7	$(D_{1.7}+D_{1.8})/0.3\times2$	40.38	
	5	WKL8	$D_{1.9}/0.25\times2$	11.64	
4		10-4-315	板竹胶板模板制作 m^2 $D_3\times0.244$		88.30
5		10-4-176	板钢支撑高＞3.6m 每增 3m m^2		210.69
	1	屋面板超高系数	$1.9/2.5=0.76$		
	2	超高面积	$(D_{3.1}+D_{3.4}+D_{3.5})\times H_1$	210.69	

表 2-3 中，D_3 表示第三项定额的工程量，若"$=D_3$"则表示调用第三项的工程量或全部计算式；$D_{3.1}$，$D_{3.4}$，$D_{3.5}$ 分别表示 225.20，40.38，11.64；H_1 表示本项内第 1 行的中间结果 0.76。

2.0.15 全费用综合单价

从 2002 年我国实行计价改革以来，提出的"量价分离"和"向国际接轨"的口号至今并未完全实现。从量价分离的政策来看，有些甲方总是不愿意承担量的责任，总想通过总价合同将工程量的风险转嫁给乙方；国际上所谓的综合单价，一般是指包括全部费用的综合单价，这与 2001 年原建设部令第 107 号文的综合单价的定义是一致的。虽然《建设工程工程量清单计价规范》GB 50500—2013 仍采用了狭义的综合单价，但《2013 建设工程计价计量规范辅导》中已经明确指出：实行全费价只是时间问题。所以，本导则提出的全费用综合单价也许超前一点，但并不是盲目的。

2.0.16　定额换算

统一换算方法代替人机会话式的定额换算。定额的附注、说明都是定额的组成部分，是可以变成定额的方式来应用的。这就需要建立换算定额库，有了它就可以如同定额那样通过定额号来调用。否则，需要人机对话来解决，既造成了调用时的麻烦，又增加了软件开发的代码。

2.0.17　统一法

综合单价的计算方法从《建设工程工程量清单计价规范》GB 50500—2003 的宣贯辅导教材开始就出现了正算（用于建筑）和反算（用于安装）两种方法。早在 2004 年《青岛工程造价信息》第二期就刊登了"统一法"计算综合单价分析表的方法，由于没有得到软件开发人员的理解，一直没有在国内得到广泛应用。本导则提出这一科学方法的目的是提倡低碳，简化操作，以利于清单计价的应用。

2.0.18　模拟工程量

工程基本建设程序：

1. 完成前期工作；
2. 进行施工图设计；
3. 施工设计图审查（进入住建局办理）；
4. 工程招投标。

根据以上程序，前三项尚未完成就进行招投标也可称为"三边工程"。对"三边工程"如何执行清单计价的问题，按本导则的要求，应套用项目模板，提出模拟工程量，编制招标控制价，实行单价合同，竣工时按实际完成量结算。

3 一 般 规 定

3.0.1 工程计量的方法是：统筹 e 算为主、图算为辅、两算结合、相互验证。

统筹 e 算可以完全代替手算及其工具（笔和纸），它能显示出人的创造力和知识水平，适用于任何专业（建筑、装饰、修缮、园林、仿古、安装、市政等）工程；统筹 e 算的成果输出简单、明了，便于对量。这两大特点是图算不可替代的，所以本导则提出了统筹 e 算为主、图算为辅、两算结合、相互验证的计量方法。

工程计量的要求是：确保计算准确和完整（不漏项）。

要把"做"改成"做好"，并非易事，这是做任何事情的基本观念的改变。要认识到判定合格的标准，首先是正确和完整，在此前提下才能考虑提高速度。

3.0.2 本条要求提供计算依据（六大表），是一个创举。

首先应遵循提取公因式、合并同类项和应用变量的代数原则来简化计算式，这样做才有利于计算式的公开。由于图算采用布尔运算时，没有计算式，故要求与表算结合，公开表算的计算式，用图算验证表算结果。计算式的公开可以防止计量的造假行为，可以提高计量人员的业务素质和技术水平，可以减少扯皮，促进计量科学的创新和发展。

公开六大表（包含工程量计算式）并将其与施工图等一传到底，有效避免了全过程造价管理中同一工程不同造价人员的重复计量工作，打破了计量信息孤岛，提高了造价管理的社会效率，真正实现工程量计算的"电算化、简约化、规范化、模板化"，从而有效地控制工程造价。

3.0.3 本条强调了工程量计算过程中应对图纸进行碰撞检查，将解决方案作出计量备忘录。这是目前国内计算工程量被忽略的一个问题，现作为条文执行。

以某测试工程为例，在门窗统计表中发现了 16 处错误，可分为数量统计不对、门窗高度与结构碰撞、门窗尺寸与立面不符和表中尺寸与大样不符等多种情况。

图纸中建筑与结构的矛盾，平面与立面、剖面及大样的矛盾层出不穷，计量的过程也是一个模拟施工的过程，及早发现问题、早日解决问题可以给建设单位避免许多不必要的损失。

一个好的预算员不应仅仅满足于看懂图纸，而应当是懂建筑、懂结构、懂施工的全才。对于图纸中的问题，应作出备忘录，在图纸会审后，根据三方会审记录对工程量计算中的问题及时作出调整。

3.0.4 工程量清单和招标控制价不能分别编制，应由同一单位同时完成。招标控制价不能只公布总价，应连所有资料同时公开，并报主管部门备案，以利于投标人进行投诉。

招标控制价既然是最高限价，高出部分应由招标单位的上级部门负责审批；低价部分应允许投标单位投诉，以防止招标单位的恶意限价行为。

3.0.5 项目清单特征描述的混乱、定额名称和换算方法的不统一，不但造成不同软件的数据不能共享，而且也不符合简约和低碳的要求。

项目特征描述宜采用简约式，定额名称应统一，倡导用换算库和统一换算方法来代替人机会话式的定额换算。由政府主管部门来统一实现规范化，很有必要。

3.0.6 目前教材中计算综合单价的方法分正算和反算两种。正算的缺点是不能显示原清单和定额量，反算的缺点是不能直接得出人、材、机单价，但它们的优点是计算原理简单、容易理解。其正算与反算共存的缺点是有时结果不一致，反算结果是准确的。统一法的优点是既能显示原清单量和定额量，又能得出人、材、机单价（在计算出人、材、机总价后，再除以清单量得出相应的单价），其计算原理稍微复杂一点，计算结果与反算一致。

3.0.7 全费用综合单价的应用只是时间问题。全费价对招投标和工程结算十分有利。有人提出在招投标中全面使用电子文档是不妥的，因为纸面文档的法律效力是不可替代的。

本条提出由各投标人提供软件来打开自己的造价文档，不存在将数据导入指定软件的接口问题。评标时应以纸质文档的全费价为主。投标过程中宜采用全费用计价表作为纸面文档，其他计价表格均提供电子文档（必要时提供打开该文档的软件）以利于环保和低碳。

3.0.8 关于工程计量计价的工作流程，是一个老问题，也是至今从书本上没有涉及的一个课题。

依据某测算工程图纸：15 层框剪结构、建筑面积 $7300m^2$，要求按 ±0.000 以下建筑、±0.000 以上建筑、±0.000 以下装饰、±0.000 以上装饰等 4 个分部计算工程量并完成计价工作。

下面列出了计量、计价的 5 个步骤和大致需要的时间：

1. 熟悉图纸，完成四大表：门窗过梁表、基数表、构件表、项目模板，需要 12 天；

2. 分部工程量计算 10 天；

3. 钢筋计算（图算）4 天；

4. 图算与表算对量 2 天；

5. 计价 2 天。

以上共计 30 天。

一般图形计量，6 天就可以完成，但不敢保证其正确性和完整性。甚至负责人也不敢相信，于是凭他的经验，让怎样调就怎样调，一直到他满意为止。具体操作人员也不敢违背负责人的意志，因为是用软件算的，他们不知对错，这就是现状。例如：该工程开始算了 1200 万元，大致匡算了一下，不超过定额管理部门公布的上限，就上报了。后来发现一个单位错了，相差 200 万元，降到 1000 万元，一看也不低于下限。最后由于 4 家单位的计算结果都不一致，测算工作不了了之。

为了对工程量计算的准确性和完整性负责，要求预算员增加 4 倍的时间确实是让人难以接受的。这里面要解决的问题：

1. 观念问题。为什么是做而不是做好，任何人都可以去做，但"做"与"做好"仅一字之差，就可以决定一个人的命运，一个企业的前途，甚至一个民族在世界上的地位。

2. 社会效益问题。图算 6 天做出来的结果，因为它没有详细计算式，没有经过校核，对下游的借鉴意义不大，故不敢公诸于众。统筹 e 算的计算书可以一传到底，通用于项目实施的各个阶段，从招标控制价的编制到投标报价、各施工阶段的进度款结算，一直到竣工结算都有指导意义，所产生的社会效益是巨大的。

3. 投标时间紧迫，要求快速计量问题。《2013 建设工程计价计量规范辅导》强调：投标人对工程量清单不负有核实的义务，更不具有修改和调整的权利。故以投标时间紧凑，必须应用图形计量软件来快速计算工程量的理由并不成立。

总之，计量计价技术导则的制定和推广、应用是计价改革的需要，将是造价事业发展的必然趋势。

4 数据录入规则

4.1 数据采集顺序

4.1.1 计算列式，顺序统一：本条规定了工程量计算时列式的顺序。

L(Length)——长度 B(Breadth)——宽度

H(Height)——高度 N(Number)——数量

例如：门窗口要按"宽(B)×高(H)×数量(n)"的顺序来列式，一定要把高(H)放在第二位，数量(n)放在最后，这样在软件中才能依据门口的宽度来确定扣除踢脚板的长度，或依据窗口的宽度来确定窗台板的长度。也就是说，门窗按 B—H—N 的顺序输入，软件自动带出与门窗口宽度相关的踢脚板扣除量或窗台板的工程量。

例如：本导则5.1.3条门窗表(表5.1.3)中，门窗按"宽(B)×高(H)"输入；5.1.4条过梁表(表5.1.4)中，过梁按"长(L)×宽(B)×高(H)"输入，遵从 L—B—H—n 的约定。

4.1.2 从小到大，先数后字：本条规定了图纸数据的采集输入顺序。

这里的数字轴和字母轴分别对应设计图纸中的水平横轴(①②③……)和垂直纵轴(ⒶⒷⒸ……)。

"由小到大"是指轴线编号从小到大，即采集数据输入时要从编号小的轴线开始。轴线从小到大的顺序：数字轴，①②③……；字母轴，ⒶⒷⒸ……

例如：本导则5.2.5条基数表(表5.2.5)中，30行外围面积的计算式必须先输入"6.76"和"0.96"(数字轴长度)，再输入

"2.2"和"2.4×2"（字母轴长度）；33行内墙的计算式中，数字轴按"[6]、[10]、[12]"顺序输入，字母轴按"[D]、[E]、[G]"顺序输入。

4.1.3 内墙净长，先横后纵：本条规定了内墙长度的采集输入顺序。

"内墙净长"是指内墙按净长度输入。

"先横后纵"包含两方面意思：一是内墙采集顺序先横墙（数字轴）后纵墙（字母轴）；二是计算纵横交叉的内墙（拐角、十字角）时，横墙优先，即断纵不断横，但遇丁字角时，通长部分不应断开。

例如：本导则表 5.2.5 中，33 行 24cm 厚内墙的计算式中，Ⓓ轴按总长"10.36"录入，不应被纵墙分开。

4.2　数据采集约定

4.2.1 结合心算，采集数据：本条规定了计算式中间接数据的输入原则。

在工程量计算式中，主要包含两大类型数据：一是可以直接从图纸中找到的，称为直接数据，如外墙中心线长、门窗洞口尺寸、混凝土构件截面尺寸等；二是虽不能直接找到，但可通过简单计算得出的，称为间接数据，如内墙净长、外墙外边线长等。为简化计算，在对间接数据采集输入时，要结合心算直接输入结果，不需输入计算过程。例如：用"6.24"代替"6+0.24"或"6+0.12×2"。

4.2.2 遵循规则，保留小数：本条规定了工程量计算过程中及计算结果的有效位数。

工程量计算中，小数位数的取定要依据计算规则要求，要明确准确与精确的区别。一般人们总认为越精确越好，其理由是对投资大的项目，这种影响是明显的。但它与计算规则相悖，为保证工程量计算结果的统一，规定统一的有效位数取定原则是非常必要的。

4.2.3 加注说明，简约易懂：本条强调了加注说明的必要。

以往的工程量计算式，只有实际计算人自己能看懂。而且时间长了，甚至计算人本人也会忘记原来的计算过程。为此，统筹e算中以灵活的方式在计算式中加注适当的简约说明，作到无论何人、无论何时，只要有造价知识的人都能看懂，实现了成果公开、共享。

例如：本导则表 5.2.5 中，33 行计算式里的中括号内不参加运算，只是注释，[6] 表示轴线，[水] 表示在水表井一侧等。

4.3 数据列式约定

4.3.1 以大扣小，减少列式：本条规定了面积的计算原则。

"以大扣小"是指先算整体的面积（大面积），再减去需扣除的其中某部分的面积（小面积）。

例如：本导则表 5.2.5 中，30 行计算外围面积时，先计算整体面积 S_0，再减去需扣除部分的面积"6.76×2.2"和"0.96×2.4×2"；42 行计算 C3 客厅面积时，先计算整体面积"5.08×6.66"，再减去需扣除部分的面积"1.52×5.1"。

这样做的好处：利用基数计算式调入室内装修表，扣减部分只计算面积，而省略了计算周长、墙面积和脚手架面积的 3 个计算式。

4.3.2 外围总长，增凸加凹：本条规定了外墙有凹凸时外围长度的计算规则。主要用于带有凹凸阳台、墙垛等外墙外围长度的计算。"外围总长"是指不管是否有凹凸，先按外墙外围总长度计算，"增凹加凸"是指在外围总长的基础上，再加上凹凸处侧面的长度。

4.3.3 利用外长，得出外中：本条规定了三线中 $L_中$ 的计算方法，体现了 $W_外$ 与 $L_中$ 的关联关系。

$$L_中 = W_外 - 4 \times 墙厚$$

式中　$L_中$——外墙中心线长；

　　　$W_外$——外墙外围长。

此算法省去了分段计算 $L_{中}$ 的繁琐。

4.3.4 算式太长，分行列式：本条规定了计算式过长时的处理方法。

例如：本导则表 5.2.5 中，34、35 行均为计算 12cm 厚内墙的计算式，由于采用了序号变量 H_{34}，则将 4 行计算式分成两部分计算，前半部计算式后面加个等号表示中间结果（＝53.560），后半部计算式开头加"H_{34}"表示上半部结果，最后不加等号表示两部分的合计值，放在右侧（102.140）。

有些教材上列出的多行计算式太长，不易检查。

4.3.5 工程过大，分段计算：本条规定了规模较大工程的计算原则。

当遇到规模较大工程时，若一起整体计算，会带来项目过多、不宜核对的难题；有的装饰工程装修做法不同，均可按分部分段计算。

5 计 量 表 格

5.1 门窗过梁表

5.1.1 门窗统计表、门窗表与过梁表在软件中是一个整体，分成 3 种表格输出。门窗过梁表的生成步骤如下。

5.1.2 生成门窗统计表(表 5.1.2)

该表可由 CAD 图纸中的门窗统计表转来，并按门(含门连窗)以 M 打头、窗以 C 打头的规则，对门窗号变量进行自动命名(洞口以 MD 打头另行命名)，在"门窗号"行内存放楼层信息，对应数量放墙体第一列；有的图纸在门窗表中只给出总量，如果计算工程量需要分楼层的数量时，应对总量进行分解，填上楼层信息及对应数量。"洞口"列的尺寸自动生成，"面积"列的结果自动计算，这样在输出门窗统计表时，才可以输出表 5.1.2 的样式。

5.1.3 生成门窗表(表 5.1.3)

按墙体分类修改表头，将各类门窗的总数分配到各墙体列(表 5.1.3)。在"洞口过梁号"列内按规定填写过梁代号。如遇到一个门窗对应多个墙体或不同过梁的情况，可将门窗号后面加"—1、—2"等来表示。

5.1.4 生成过梁表(表 5.1.4)

过梁表是根据门窗表中的过梁号自动生成的。过梁表中只需输入过梁高，其他数据均调用门窗表的内容。过梁长度可根据实际情况调整。

5.1.5 门窗过梁表的调用

目前，国内造价业大都以图形计量软件为主。一般对门窗部分采用外包形式，故对门窗工程量的计算不予重视。

现以某测试工程为例。主办方只让计算 40 个项目的工程量，竟然没有门窗工程量。对图纸中的门窗问题，提出的两个修改是正确的：

C4 的 1200mm × 1600mm 改 1200mm × 1500mm，C7 的 1800mm×1200mm 改 1700mm×1500mm。

另一修改是架空层的 M4 尺寸由 800mm × 2000mm 改 900mm×2000mm，显然不合适。因为 M4 不仅用于架空层，1～15 层皆用到，故正确的修改意见是架空层的 M4 改 M5。

经审查图纸，又提出了 13 处错误，分别属于 3 类：门窗表尺寸与大样不符，6 处；数量不对，6 处；门高与结构梁碰撞，M1、M2 的高度应由 2.4m 和 2.15m 改为 2.1m。

对以上修改意见，一般并不重视。究其原因是大家只迷信图形计量软件，该软件对砌体中和装饰中的门窗洞口工程量是不校核的，故与门窗表无关。错了不会发现，更不会知道，这种不管对错的现象是不应有的。

为此，本导则提出的门窗过梁表要求图形计量软件也要提供。

5.2 基 数 表

本节规定了基数表的数据采集和输入方法。

"基数"和"一算多用"是统筹法计量的精华，属于统筹法的专用术语。是学习统筹 e 算的两项基本知识，是工程量计算应用电算的基础。关于基数的内容，理论界有不同的观点：

1. 最早的定义是"三线一面"：$L_外$ 表示外墙外边线长度，$L_中$ 表示外墙中心线长度，$L_内$ 表示内墙净长线长度，S 表示外围面积。

2. 2005 年黄伟典主编的《建设工程计量与计价》中将基数定义为"四线二面一册"：$L_外$ 表示外墙外边线长度；$L_中$ 表示外墙中心线长度；$L_内$ 表示内墙净长线长度；$L_净$ 表示内墙基槽或

垫层净长度；$S_底$ 表示底层外围面积；$S_房$ 表示房心净面积；一册指构件工程量计算手册，由各地根据具体情况自行编制。

本导则采用的是 1990 年王在生编著的《微电脑用于编制预算》中"三线三面"的定义，并进一步将基数定义延伸为在整个工程中可调用的数据，如建筑面积、各类基础长和基底长、放坡系数、屋面延尺系数和隅延尺系数以及弧长、弓形面积等。

5.2.2 "三线三面"基数：用于计算内外墙装饰、地面、天棚、墙体、散水等。如表 5.2.5 中，序号 31、32、33、34、35 计算的是"三线"：W_n（外墙边线长）、L_n（外墙中心线长）和 N_n（内墙净长）；序号 30、36、50 计算的是"三面"：S_n（外围面积）、Q_n（墙体面积）和 R_n（室内面积）；序号 51 是对"三线三面"的校核：

$$S_n - R_n - Q_n = 0$$

5.2.3 基础基数：用于计算土方放坡系数、基础垫层、基础砌体、建筑面积、体积等。

5.2.4 构件基数：用于填写构件表，计算构件体积、模板面积、脚手架面积等。

本导则要求图形计量软件也要提供基数表。

实践证明：图形计量如能应用基数，将会节省大量的表格，《中国建设信息》杂志 2012 年 11 月下发表的一篇论文《三种算量方式的输出结果对比》中，采用基数原理可由图形计量的 430 行计算式简约为 33 行，这无疑将大幅度缓解图形计量对量难的问题。

关于基数的校核问题，初学者往往不容易闭合。这说明两个问题：一是如果不闭合，说明原来计算的基数是不正确的，如果应用不正确的基数，将会带来一系列的错误而自己还不知道，这样的话，基数还有何用；二是经过简单的训练后，一般原来需要 3d 才能算的正确基数，12h 即可完成，这说明基数的校核并非难题，而是初学者没有经验、不得要领所致。下一步将研究通过图纸识别来解决基数计算的问题。

5.3 构 件 表

5.3.1 本条表明了构件表的设计意图是为了解决上千个构件对量难的问题。

5.3.2 构件表的结构是序号、类别(按定额号分类)和名称(构件名)、构件尺寸、各分层的数量及合计数量。

例如:表 5.3.5 中的构件类别是有梁板,它是根据定额号来划分的。因为对有梁板来说,无论清单还是定额都是按梁、板体积之和计算的。但在定额计算规则中又规定梁算至板下平,则与按梁、板体积之和计算矛盾。在此情况下,我们执行的是清单与定额统一的按梁、板体积之和的计算规则。

5.3.3 构件尺寸的数据采集要执行本条规定的代数原则。

例如:表 5.3.5 中的构件尺寸中,R_{14} 是板厚 140mm 的 7～15 层的每层面积数,KL_{60} 是 7～8 层外墙梁高为 600mm 的总长度等,它们均取自基数。这里既有每层相同厚度的多块板面积之和,又有每层相同截面的多段梁体积之和,在对量时,先核对基数,再核对总工程量,几百个计算式可以汇为几十个计算式,如果图形计量也能采取这种模式,则对量难的问题将会大幅度缓解。

5.3.4 本条指的是构件表与工程量计算书的关联功能。在辅助窗口中双击某一项构件则可将该项所含构件的数据和数量调入计算书中形成计算式和结果;也可实现单项构件的调入。

5.4 项目模板——项目清单定额表

项目模板来源于已竣工的工程实例,在此基础上修改为相关工程所需要的内容,并可作为下一个工程的参考模板。本节从项目名称、工作内容、编号(清单编码或定额编号)及清单或定额名称等方面对项目模板的建立进行了详细说明。

5.4.1 分部:填在"工作内容"列中,表明按分部计量和计价。

54

5.4.2 项目名称：按项目的施工顺序填写，防止漏项。

5.4.3 工作内容：应包含完成该项目所需的全部工作内容。一般摘自图纸说明或指定的做法图集。2013 建设工程计价计量规范辅导(141 页)明确规定：施工图纸、标准图集标注明确的，可不再详细描述，并建议这一方法在项目特征描述中尽可能采用。这就从根本上否定了软件中自动带出的问答式描述方法。项目模板的作用就是将通用的做法说明写进工作内容中供反复使用。这是项目模板对清单计价的一大贡献。

5.4.4 编号：填写清单编码以及定额编号或换算定额编号。清单编码只需填写前 9 位编码，后 3 位在调用时由软件自动生成。

5.4.5 清单项目名称：提倡将项目名称与特征描述合为一体，采用简化式描述原则来填写项目名称，与单价无关内容可不写，亦可以不按规范名称填写，力求简洁明了。如：011407001 墙面喷刷涂料，可采用 011407001001 外墙乳胶漆、011407001002 内墙乳胶漆，较为直观。

5.4.6 定额名称：一般由软件自动带出，应避免按定额的大小标题机械地叠加，提倡按简约的方式清晰表述，并控制在 16 个汉字内。

5.4.7 本导则将定额换算分为 5 种，并规定了不同的定额换算编号表示方法。

一切按定额说明或解释而增加的项目均应作成换算定额与原定额一样调用，强度等级换算和倍数调整的方法均应统一。这样做不但大大降低软件的开发成本，而且便于用户的应用和交流。

对个别工程中需要增加的临时换算，本导则采用了国内其他软件通用的在定额号后面加"H"的方式，通过人机对话来解决。

6 图算与钢筋计算

6.1 图 形 计 量

6.1.1 图形计量

本条明确了表算和图算的关系：表算为主、图算为辅、两算结合、相互验证，才是保证工程量计算准确性的有效措施。如闭合法校核出来的问题再用图形计量来证实，图形计量的结果可以纠正计算公式的错误。目前常用的图形计量软件有广联达、斯维尔、鲁班等。

6.2 钢筋汇总表

6.2.1 图形钢筋计量是国内比较成熟的计算方法。可分为自主平台和 CAD 平台，量筋合一与量筋分离两种模式均需要画图建模计算。统筹 e 算也有单独的钢筋计算软件，用户较少，以表格计算为主，适合于图纸简单、操作人员不愿意图算的情况。

无论采用哪一种图算还是表算，均宜参照构件表来列项，与构件表配合进行构件数量的核对，利用钢筋汇总表方便与他人进行总量的核对。

6.2.2 本条规定了钢筋计算结果的汇总方式：按十大类分列的构件钢筋汇总（横向）和按钢筋类别与规格汇总（纵向）的钢筋工程量，其质量以"kg"为单位取整。

6.2.3 钢筋汇总表的合计值以"t"为单位（保留 3 位小数），并转入工程量计算书。

6.2.4 本导则要求各种钢筋计算软件的输出结果均应符合表 6.2.4 的格式。

7 工程量计算书

本节规定了工程量计算书的编制方法。

7.0.1 利用项目模板，解决套清单和套定额的问题。

这与传统做法相比，可以说是一次计量的革命。它的意义在于：

1. 图形计量软件实现的自动套清单和自动套定额的功能，首先是不准确的；其次是只能一项一项的解决，远不如利用模板一次解决一个工程的套用省事。

2. 关于工程量计算顺序，一般教材上讲 3 个顺序，即：施工顺序、图纸顺序和定额顺序，结果是一人一个理解，甚至对于同一个人这次按施工顺序，下次又按图纸顺序，到底哪个好，自己也讲不清楚。使用了项目模板可以彻底改变这种状态。起码在一个单位内，通过交流、总结达到共享模板的效果，便可以把顺序统一起来。

7.0.2 本条强调了清单与定额必须同时计算，是一次革新。可以看一下国内的教材，基本上是讲了一章清单后，接着讲计算清单工程量的例题；在《2013 建设工程计价计量规范辅导》中，也都是讲如何计算清单工程量；有的教材却只讲定额工程量如何计算；几乎没有清单与定额同时计算工程量的教材实例。

当清单和定额的计量单位和计算规则与上项相同时，建议软件中实现在单位处用"="号表示，工程量自动形成。这里的前提是要求定额与清单一样都按基本单位计算，在计量时不应过早折算成定额单位，应在计价时由软件依据单位中的数量来自动生成(例如：定额单位为 $10m^2$ 时，将原单位工程量除以 10 换算为定额工程量)。

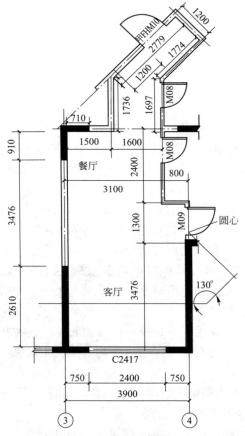

图 7-1　一室户平面(单位：mm)

注：1. 参见 L06J002 建筑工程做法标准图集面砖踢脚高 150mm（踢 5）地砖楼面 500mm×500mm（楼 15）水泥砂浆内墙抹面(内墙 2)水泥砂浆涂料顶棚(棚 3)。
2. 塑钢窗(甲方自理)、成品门扇、大理石窗台板。3. 门窗套采用 L96J901-42②，榉木板面层门窗贴脸宽 50mm，窗台板加宽 50mm、加长 50mm。4. 木材面刷透明腻子二遍、底油一遍、聚酯清漆二遍。5. 墙面及天棚满刮腻子二遍、乳胶漆二遍。
6. 防护门甲 FHM10(已安装)为 1000mm×2100mm 门 M08 为 800mm×2100mm 门 M09 为 900mm×2100mm 窗 C2417 为 2400mm×1700mm 门平内边安装，窗居中安装(框厚 80mm)。7. 混凝土墙及填充墙 180mm，隔墙 100mm 层高 2900mm，板厚 110mm 走廊处板下墙梁 180mm×400mm

58

7.0.3、7.0.4 强调了利用变量来避免重复计算以及应用代数原理来简化计算，这在国内教材上也不多见。实际上这也是一次由算数到代数的革新。在手算中，使用笔和纸是无法进行代数运算的，只有应用计算机才能实现由算数到代数的飞跃。

7.0.5 本条提出了应用辅助计算表和图形计量来计算实物量（无须挂接定额或清单的工程量）。

在统筹 e 算中提供了 12 种辅助计算表，分别是 A 基础综合、B 挖槽、C 挖坑、D 带型基础、E 截头方锥体、F 独立基础、G 工型柱、H 构造柱、I 现浇构件、J 室内装修、K 门窗装修、L 屋面。

下面我们以室内装修表为例来说明：

例：计算房间的地面、顶棚、墙面抹灰及脚手架的工程量（图 7-1）。

第一步：计算基数（表 7-1）。

基 数 表 表 7-1

序号	基数	名称	计算式	基数值
1		餐、客厅	$3.72 \times 6.996 - 0.76 \times 2.36 = 24.232$	
2		走廊	$(1.736 + 1.697) \times 1.46/2 = 2.506$	
3	R		$(2.779 + 1.774) \times 1.06/2 = 2.413$	
4			Σ	29.151

第二步：利用辅助计算表计算房间周长，墙面、平面及脚手架的工程量（表 7-2）。

辅助计算表 表 7-2

室内装修表 J										
说明	a 边/m	b 边/m	高/m	增垛扣墙/m	立面洞口/m²	间数	踢脚线/m	墙面/m²	平面/m²	脚手架/m²
餐、客厅	3.72	6.996	2.79	−1.46	C+M08 +M09	1	18.27	48.07	26.03	55.72
	0.76	−2.36	—			1	—	—	−1.79	—
走廊	1.736+1.697	1.46	2.79	−1.46 −斜边	M08	1	2.63	7.90	2.51	9.58
	2.779+1.774	1.06	2.79	−斜边	M10	1	4.61	13.56	2.41	15.66
合计							25.51	69.53	29.16	80.96

第三步：将辅助计算表计算结果调入实物量计算书(表7-3)。

实物量计算表 表7-3

序号	编号/部位		项目名称/计算式		工程量
1	J		踢脚线	m	25.51
	1	餐、客厅	2×(3.72+6.996)−1.46−(0.8+0.9)	18.27	
	2	走廊	1.736+1.697+1.46−1.46−0.8	2.63	
	3		2.779+1.774+1.06−1	4.61	
2	J		墙面	m²	69.53
	1	餐、客厅	(2×(3.72+6.996)−1.46)×2.79−C−M08−M09	48.07	
	2	走廊	(1.736+1.697+1.46+1.461−2.921)×2.79−M08	7.90	
	3		(2.779+1.774+1.06)×2.79−M10	13.56	
3	J		平面	m²	29.16
	1	餐、客厅	3.72×6.996	26.03	
	2		0.76×(−2.36)	−1.79	
	3	走廊	(1.736+1.697)×1.46/2	2.51	
	4		(2.779+1.774)×1.06/2	2.41	
4	J		墙脚手架	m²	80.96
	1	餐、客厅	(2×(3.72+6.996)−1.46)×2.79	55.72	
	2	走廊	(1.736+1.697+1.46+1.461−2.921)×2.79	9.58	
	3		(2.779+1.774+1.06)×2.79	15.66	

第四步：由实物量计算书转入工程量计算书。

如果是 Excel 表的图形计量数据，也可先转入实物量计算书，然后再根据清单或定额的要求转入工程量计算书。

8 计价表格

本节规定了计价的流程：工程量计算书—工程量表—综合单价分析表—全费用计价表以及相关规范规定的所有计价表格。

8.0.1 工程量表是在计量模块中生成而由计量转计价的一个过渡文件。在计量模块中，为了计算方便，一般将工程措施项目（模板或脚手架）与主体项目（构件或砌体）同时计算，所以由工程量计算书生成工程量表时，除了在生成过程中将计算式去掉外，为了适应计价要求还应将措施项目分列出来。

8.0.2 有的工程要求一定按清单项目编码排序，故允许在工程量表生成时，可生成原始顺序文件或按清单项目编码排序文件。

8.0.3 在实际工作中，经常遇到要对同一工程进行按不同地区价格或不同取费标准的对比问题。本导则主张计量与计价一体化，故要求同一工程可以生成不同的计价文件，可以将同一工程量文件生成的任意两个计价文件进行对比。

8.0.4 在《建设工程工程量清单计价规范》GB 50500—2013 中没有清单定额工程量表，故我们生成的工程量表是一个中间的电子文档，没有设计单独表格，但它的内容全部体现在计价文件中的综合单价分析表中。

8.0.5 原来的正算法在分析表中体现的是单位清单所含的定额量，往往由于清单与定额的计算规则或计量单位不同，将定额量换算成单位清单含量后，原始的定额量消失。所以，本导则采用的是统一法来计算综合单价。

关于正算与反算的详细论述可参阅有关资料[2],[13]。

8.0.6 本条主张提供纸质文档的全费用计价表,这是增加的新表。《建设工程工程量清单计价规范》GB 50500—2013 公布的 26 种表格样式照常应用,只是建议以电子文档的形式提供,且与全费用计价表的结果保持完全一致,以利于环保、低碳、节能,符合时代的要求。

参 考 文 献

[1] 王在生. 微电脑用于编制预算. 北京：中国建筑工业出版社，1990.

[2] 王在生，王传勤. 建筑及装饰工程算量计价综合案例. 北京：中国建筑工业出版社，2008.

[3] 深圳市斯维尔科技有限公司. 三维算量软件高级实例教程. 北京：中国建筑工业出版社，2009.

[4] 王在生. 工程量清单招标控制价实例教程. 北京：中国建筑工业出版社，2009.

[5] 王在生，连玲玲. 统筹 e 算实训教程：建筑工程分册. 北京：中国建筑工业出版社，2011.

[6] 黄伟典，王在生. 新编建筑工程造价速查快算手册. 济南：山东科学技术出版社，2012.

[7] 殷耀静、统筹 e 算在工程造价中的应用. 中国建设信息，2012，(6)：71-75

[8] 住房和城乡建设部标准定额研究所，四川省建设工程造价管理总站 GB 50500—2013 建设工程工程量清单计价规范. 北京：中国计划出版社，2013.

[9] 四川省建设工程造价管理总站，住房和城乡建设部标准定额研究所. GB 50854—2013 房屋建筑与装饰工程工程量计算规范. 北京：中国计划出版社，2013.

[10] 规范编制组. 2013 建设工程计价计量规范辅导. 北京：中国计划出版社，2013.

[11] 殷耀静，刁素娟，李曰君. 工程量清单计价现状与解决方案：建筑装饰工程量计算规程的探讨. 中国建设信息，2013，(4)：72-75.

[12] 王在生，孙圣华，李曰君. 再论工程量计算的四化. 工程造价管理，2013，(2)：35-38.

[13] 殷耀静，仇勇军，郑芸. 论项目模板的应用. 中国建设信息，2013，(12)：58-63.

[14] 吴春雷，杨建辉，郑冀东. 对 2013 建设工程计价计量规范之浅见. 中国建设信息，2013，(14)：50-54.

[15] 吴春雷，陈兆连，孙鹏. 探讨框架梁中有梁板的工程量计算问题. 工程造价管理，2013，(5)：34-37.

[16] 王在生，吴春雷，连玲玲. 论计价改革急需解决的十大问题. 中国建设信息，2014(2).